MAKE UP DESIGN CONSULTING

메이크업디자인컨설팅 실습서

김양은 · 임옥주 지음

光文閣
www.kwangmoonkag.co.kr

머리말

국내 뷰티 산업은 소비자의 다양한 미적 감각 및 요구를 반영하여 빠르게 변화 발전되고 있다. 현대인들은 개성 있는 자신의 이미지를 완성하기 위한 방법으로 시각적 요소를 통한 자신의 표현 방식을 중요시하며, 특히 얼굴은 첫인상을 좌우하는 중요한 신체 부위로서 메이크업을 통해 개성적인 이미지를 창의적으로 표현할 수 있다.

메이크업을 실제 표현하는 과정에서 메이크업 디자인은 개인의 얼굴 특성, 피부 상태, 미적 요구를 파악하여 고객에게 메이크업 디자인을 제안하는 능력, 퍼스널컬러 상담, 스타일 분석 등을 통해 퍼스널 이미지를 메이크업 디자인에 적용 및 메이크업을 시각화할 수 있어야 한다.

이러한 이유로 본 교재는 NCS(국가직무능력표준) 능력 단위의 수행 준거를 기반으로 메이크업 카운슬링, 퍼스널 이미지 제안, 메이크업 디자인 일러스트레이션 테크닉을 학습하기에 적합한 실습서로서 이론적 지식을 활용하여 메이크업 디자인 과정을 스스로 탐색하면서 메이크업에 대한 분석력 및 창출 능력을 기르는 데 도움을 주고자 한다.

이 책을 통해 메이크업 창출 과정에서 요구되는 기본적인 이론을 바탕으로 단계적인 실습 과정을 실행하므로 메이크업 디자인 능력을 키우는 지침서가 되길 바라며, 책이 출판되기까지 도움을 주신 광문각출판사 박정태 회장님과 임직원들께 감사드린다.

2019년 8월

저자

| 얼굴형별 메이크업의 특징 이해 |

학번: 성명: 일시: 담당교수:	
둥근형	피부표현 메이크업 눈썹 메이크업 볼터치 메이크업
긴형	피부표현 메이크업 눈썹 메이크업 볼터치 메이크업
삼각형	피부표현 메이크업 눈썹 메이크업 볼터치 메이크업
역삼각형	피부표현 메이크업 눈썹 메이크업 볼터치 메이크업
사각형	피부표현 메이크업 눈썹 메이크업 볼터치 메이크업
★ 본 수업을 통해 새롭게 알게 된 지식이나 이해된 부분 적어보기	

| 얼굴형별 메이크업의 특징 표현하기 |

학번:	성명:	일시:	담당교수:

둥근형	긴형
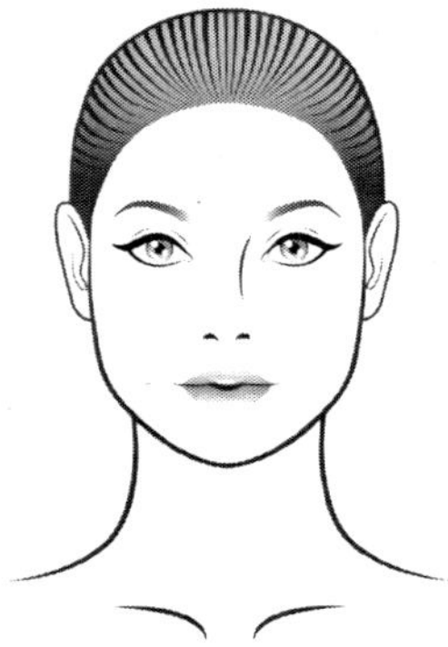	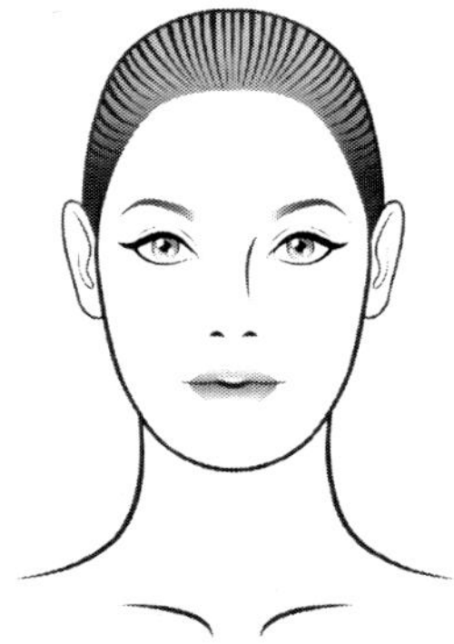
삼각형	역삼각형
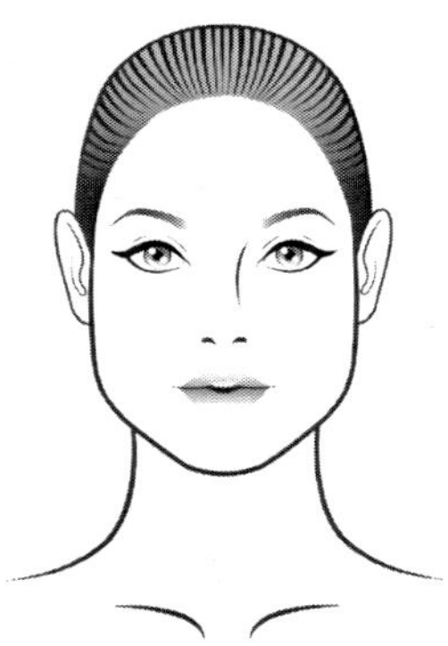	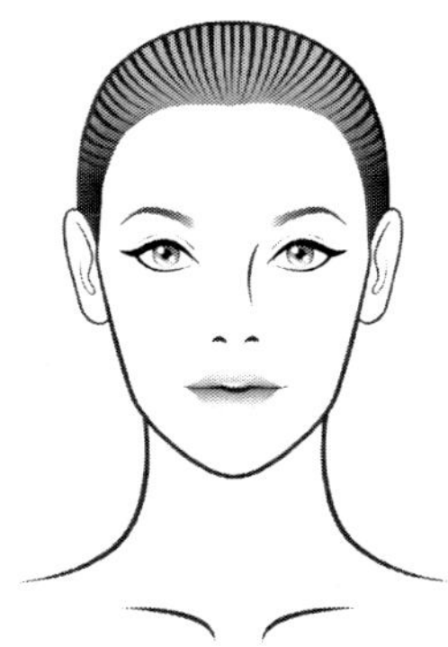
사각형	
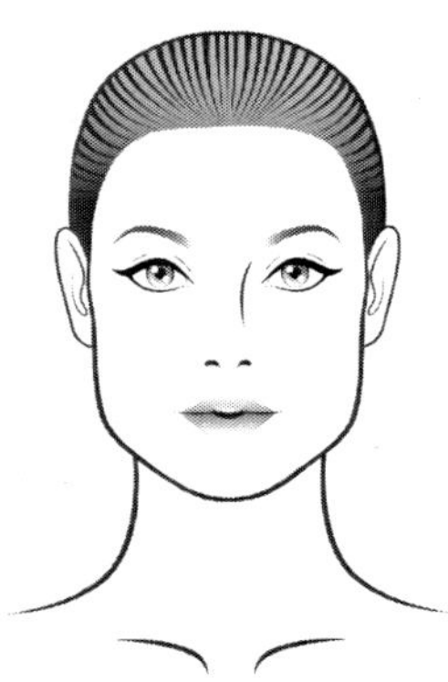	

| 상황별 (시간, 장소, 목적) 메이크업의 특징 이해 |

학번:	성명:	일시:	담당교수:

구분	상황	항목
시간	낮 메이크업	피부표현 메이크업 아이 메이크업 볼터치 메이크업 립 메이크업
	밤 메이크업	피부표현 메이크업 아이 메이크업 볼터치 메이크업 립 메이크업
장소	실내 메이크업	피부표현 메이크업 아이 메이크업 볼터치 메이크업 립 메이크업
	실외 메이크업	피부표현 메이크업 아이 메이크업 볼터치 메이크업 립 메이크업
목적	격식 메이크업	피부표현 메이크업 아이 메이크업 볼터치 메이크업 립 메이크업
	비격식 메이크업	피부표현 메이크업 아이 메이크업 볼터치 메이크업 립 메이크업

★ 본 수업을 통해 새롭게 알게 된 지식이나 이해된 부분 적어보기

| 상황별 (시간, 장소, 목적) 메이크업 |

학번: 성명: 일시: 담당교수:
낮 메이크업 사진자료 찾아서 붙여보기

| 상황별 (시간, 장소, 목적) 메이크업 |

학번: 성명: 일시: 담당교수:
밤 메이크업 사진자료 찾아서 붙여보기

| 상황별 (시간, 장소, 목적) 메이크업 |

학번: 성명: 일시: 담당교수:
실내 메이크업 사진자료 찾아서 붙여보기

| 상황별 (시간, 장소, 목적) 메이크업 |

학번: 성명: 일시: 담당교수:
실외 메이크업 사진자료 찾아서 붙여보기

| 상황별 (시간, 장소, 목적) 메이크업 |

학번: 성명: 일시: 담당교수:
격식 메이크업 사진자료 찾아서 붙여보기

| 상황별 (시간, 장소, 목적) 메이크업 |

학번: 성명: 일시: 담당교수:
비격식 메이크업 사진자료 찾아서 붙여보기

| 얼굴형별 헤어스타일의 특징 이해 |

<table>
<tr><td colspan="2">학번: 성명: 일시: 담당교수:</td></tr>
<tr><td>둥근형</td><td></td></tr>
<tr><td>긴형</td><td></td></tr>
<tr><td>역삼각형</td><td></td></tr>
<tr><td>각진형
(사각형)</td><td></td></tr>
<tr><td colspan="2">★ 본 수업을 통해 새롭게 알게 된 지식이나 이해된 부분 적어보기</td></tr>
<tr><td colspan="2"></td></tr>
</table>

| 얼굴형별 헤어스타일 |

학번: 성명: 일시: 담당교수:
둥근형에 어울리는 헤어스타일 찾아서 붙여보기

| 얼굴형별 헤어스타일 |

학번: 성명: 일시: 담당교수:
긴형에 어울리는 헤어스타일 찾아서 붙여보기

| 얼굴형별 헤어스타일 |

학번: 성명: 일시: 담당교수:
역삼각형에 어울리는 헤어스타일 찾아서 붙여보기

| 얼굴형별 헤어스타일 |

학번: 성명: 일시: 담당교수:
각진형(사각형)에 어울리는 헤어스타일 찾아서 붙여보기

| 퍼스널컬러 진단의 이해 (계절별 신체색의 특징) |

<table>
<tr><td colspan="2">학번: 성명: 일시: 담당교수:</td></tr>
<tr><td>봄</td><td>피부색

머리카락색

눈동자색</td></tr>
<tr><td>여름</td><td>피부색

머리카락색

눈동자색</td></tr>
<tr><td>가을</td><td>피부색

머리카락색

눈동자색</td></tr>
<tr><td>겨울</td><td>피부색

머리카락색

눈동자색</td></tr>
<tr><td colspan="2">★ 본 수업을 통해 새롭게 알게 된 지식이나 이해된 부분 적어보기</td></tr>
<tr><td colspan="2"></td></tr>
</table>

| 퍼스널컬러 진단(Yellow Base 컬러의 특징) |

학번: 성명: 일시: 담당교수:

Yellow Base 컬러 찾아서 붙여보기

	V	S	B	P	Vp	Lgr	L	Gr	Dl	Dp	Dk
R											
YR											
Y											
GY											
G											
BG											
B											

| 퍼스널컬러 진단(Blue Base 컬러의 특징) |

학번: 성명: 일시: 담당교수:

Blue Base 컬러 찾아서 붙여보기

	V	S	B	P	Vp	Lgr	L	Gr	Dl	Dp	Dk
R											
Y											
BG											
B											
PB											
P											
RP											

| 퍼스널컬러 진단의 이해(계절별 메이크업의 특징 이해하기) |

<table>
<tr><td colspan="2">학번: 성명: 일시: 담당교수:</td></tr>
<tr><td>봄</td><td>피부표현 메이크업
아이 메이크업
볼터치 메이크업
립 메이크업</td></tr>
<tr><td>여름</td><td>피부표현 메이크업
아이 메이크업
볼터치 메이크업
립 메이크업</td></tr>
<tr><td>가을</td><td>피부표현 메이크업
아이 메이크업
볼터치 메이크업
립 메이크업</td></tr>
<tr><td>겨울</td><td>피부표현 메이크업
아이 메이크업
볼터치 메이크업
립 메이크업</td></tr>
<tr><td colspan="2">★ 본 수업을 통해 새롭게 알게 된 지식이나 이해된 부분 적어보기</td></tr>
<tr><td colspan="2"></td></tr>
</table>

| 퍼스널컬러 진단(사계절 메이크업 & 이미지) |

학번: 성명: 일시: 담당교수:
봄 메이크업 & 이미지 사진자료 찾아서 붙여보기

| 퍼스널컬러 진단(사계절 메이크업 & 이미지) |

학번:　　　　성명:　　　　일시:　　　　담당교수:
여름 메이크업 & 이미지 사진자료 찾아서 붙여보기

| 퍼스널컬러 진단(사계절 메이크업 & 이미지) |

학번: 성명: 일시: 담당교수:
가을 메이크업 & 이미지 사진자료 찾아서 붙여보기

| 퍼스널컬러 진단(사계절 메이크업 & 이미지) |

학번: 성명: 일시: 담당교수:
겨울 메이크업 & 이미지 사진자료 찾아서 붙여보기

| 퍼스널컬러 진단의 이해 (계절별 신체색에 어울리는 색상의 특징) |

<table>
<tr><td colspan="2">학번: 성명: 일시: 담당교수:</td></tr>
<tr><td rowspan="4">Yellow Base</td><td>봄 타입</td></tr>
<tr><td></td></tr>
<tr><td>가을 타입</td></tr>
<tr><td></td></tr>
<tr><td rowspan="4">Blue Base</td><td>여름 타입</td></tr>
<tr><td></td></tr>
<tr><td>겨울 타입</td></tr>
<tr><td></td></tr>
<tr><td colspan="2">★ 본 수업을 통해 새롭게 알게 된 지식이나 이해된 부분 적어보기</td></tr>
<tr><td colspan="2"></td></tr>
</table>

| 퍼스널컬러 진단(피부색의 특징) |

학번: 성명: 일시: 담당교수:
Yellow Base 메이크업 사진자료 찾아서 붙여보기

| 퍼스널컬러 진단(피부색의 특징) |

학번: 성명: 일시: 담당교수:
Blue Base 메이크업 사진자료 찾아서 붙여보기

| 퍼스널컬러 진단 분석 (PCS: Personal Color System) Ⅰ |

<table>
<tr><td colspan="2">학번: 성명: 일시: 담당교수:</td></tr>
<tr><td colspan="2">■ 퍼스널컬러 자가진단 (선호 컬러, 피부색, 이미지 분석)</td></tr>
<tr><td colspan="2"></td></tr>
<tr><td colspan="2">■ 컬러드레이핑 진단</td></tr>
<tr><td>Base 컬러 체크
(Yellow/Blue)</td><td></td></tr>
<tr><td>4계절 유형 체크</td><td></td></tr>
<tr><td>Tone/Color 체크</td><td></td></tr>
<tr><td>분석 결과</td><td></td></tr>
</table>

| 퍼스널컬러 진단 분석 (PCS: Personal Color System) Ⅱ |

학번: 성명: 일시: 담당교수:

■ 퍼스널컬러 자가진단 (선호 컬러, 피부색, 이미지 분석)

■ 컬러드레이핑 진단

항목	
Base 컬러 체크 (Yellow/Blue)	
4계절 유형 체크	
Tone/Color 체크	
분석 결과	

| 이미지별 메이크업의 특징 이해 |

학번: 성명: 일시: 담당교수:	
내추럴	피부표현 메이크업 아이 메이크업 볼터치 메이크업 립 메이크업
로맨틱	피부표현 메이크업 아이 메이크업 볼터치 메이크업 립 메이크업
클래식	피부표현 메이크업 아이 메이크업 볼터치 메이크업 립 메이크업
엘레강스	피부표현 메이크업 아이 메이크업 볼터치 메이크업 립 메이크업

모던	피부표현 메이크업 아이 메이크업 볼터치 메이크업 립 메이크업
에스닉	피부표현 메이크업 아이 메이크업 볼터치 메이크업 립 메이크업
액티브	피부표현 메이크업 아이 메이크업 볼터치 메이크업 립 메이크업
매니시	피부표현 메이크업 아이 메이크업 볼터치 메이크업 립 메이크업

★ 본 수업을 통해 새롭게 알게 된 지식이나 이해된 부분 적어보기

| 이미지에 따른 메이크업 & 패션 코디네이션 |

학번: 성명: 일시: 담당교수:
내추럴 메이크업 & 패션 사진자료 찾아서 붙여보기

| 이미지에 따른 메이크업 & 패션 코디네이션 |

학번: 성명: 일시: 담당교수:
로맨틱 메이크업 & 패션 사진자료 찾아서 붙여보기

| 이미지에 따른 메이크업 & 패션 코디네이션 |

학번: 성명: 일시: 담당교수:
모던 메이크업 & 패션 사진자료 찾아서 붙여보기

| 이미지에 따른 메이크업 & 패션 코디네이션 |

학번:	성명:	일시:	담당교수:
액티브 메이크업 & 패션 사진자료 찾아서 붙여보기			

| 이미지에 따른 메이크업 & 패션 코디네이션 |

학번: 성명: 일시: 담당교수:
에스닉 메이크업 & 패션 사진자료 찾아서 붙여보기

| 이미지에 따른 메이크업 & 패션 코디네이션 |

학번: 성명: 일시: 담당교수:
엘레강스 메이크업 & 패션 사진자료 찾아서 붙여보기

| 이미지에 따른 메이크업 & 패션 코디네이션 |

학번: 성명: 일시: 담당교수:
클래식 메이크업 & 패션 사진자료 찾아서 붙여보기

| 이미지에 따른 메이크업 & 패션 코디네이션 |

학번: 성명: 일시: 담당교수:
매니시 메이크업 & 패션 사진자료 찾아서 붙여보기

| 체형별 코디네이션의 특징 이해 |

학번: 성명: 일시: 담당교수:	
이상적 체형	
삼각형 체형	
역삼각형 체형	
직사각형 체형	
타원형 체형	
★ 본 수업을 통해 새롭게 알게 된 지식이나 이해된 부분 적어보기	

| 체형별 패션 코디네이션 |

학번:　　　　성명:　　　　일시:　　　　담당교수:

이상적인 체형에 어울리는 스타일링 연출하기

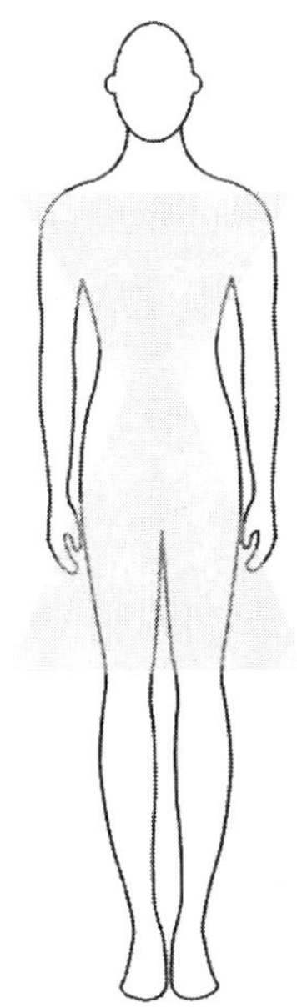

| 체형별 패션 코디네이션 |

학번:　　　성명:　　　일시:　　　담당교수:

삼각형 체형에 어울리는 스타일링 연출하기

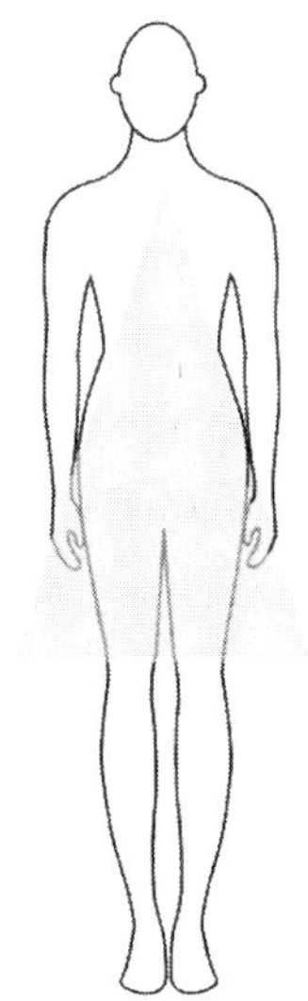

| 체형별 패션 코디네이션 |

학번: 성명: 일시: 담당교수:

역삼각형 체형에 어울리는 스타일링 연출하기

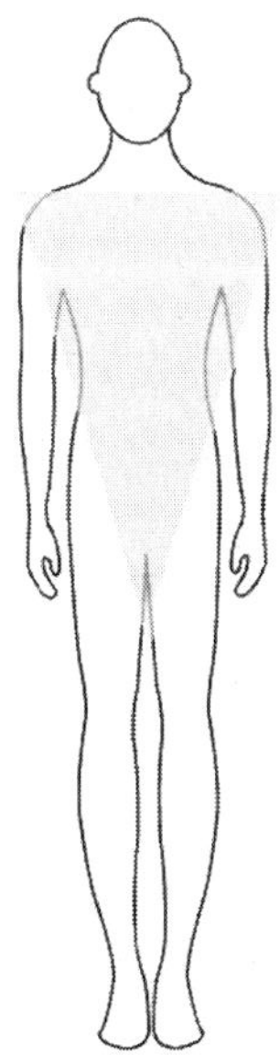

| 체형별 패션 코디네이션 |

학번:　　　　성명:　　　　일시:　　　　담당교수:

직사각형 체형에 어울리는 스타일링 연출하기

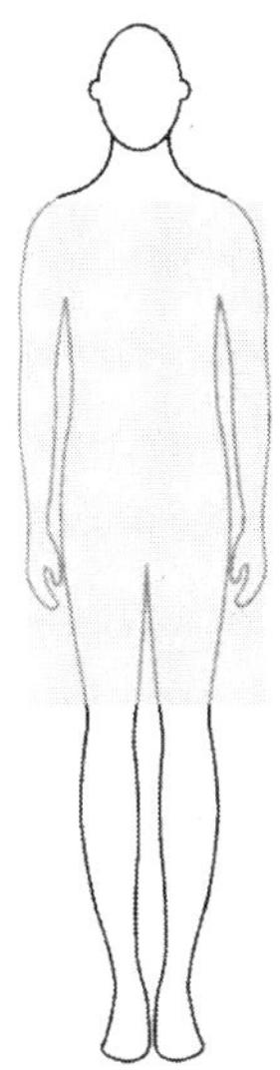

| 체형별 패션 코디네이션 |

학번: 성명: 일시: 담당교수:

타원형 체형에 어울리는 스타일링 연출하기

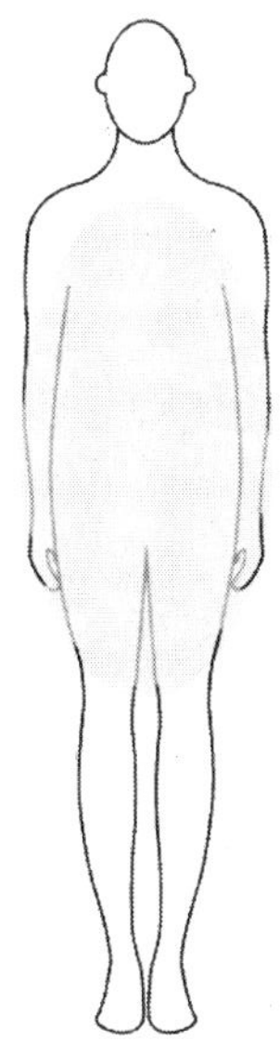

| 트렌드 메이크업 및 컬러 분석 |

<table>
<tr><td colspan="2">학번: 성명: 일시: 담당교수:</td></tr>
<tr><td colspan="2">주제</td></tr>
<tr><td>메이크업 분석</td><td>컬러 분석</td></tr>
<tr><td></td><td></td></tr>
</table>

| 일러스트레이션 |

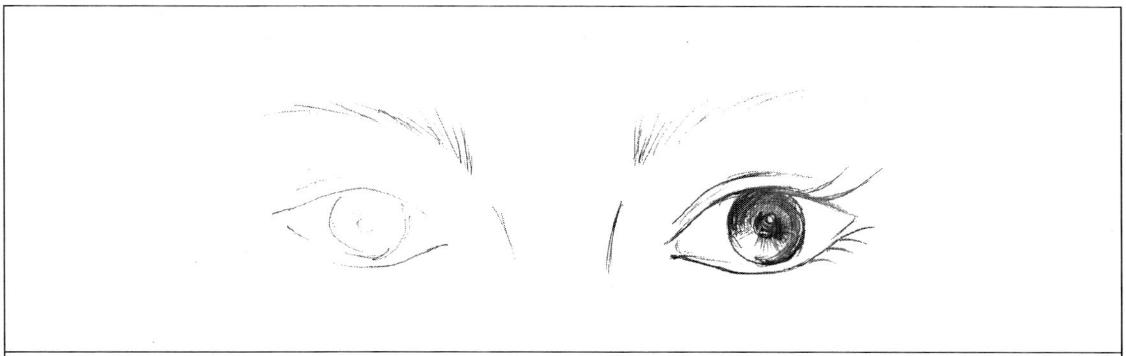

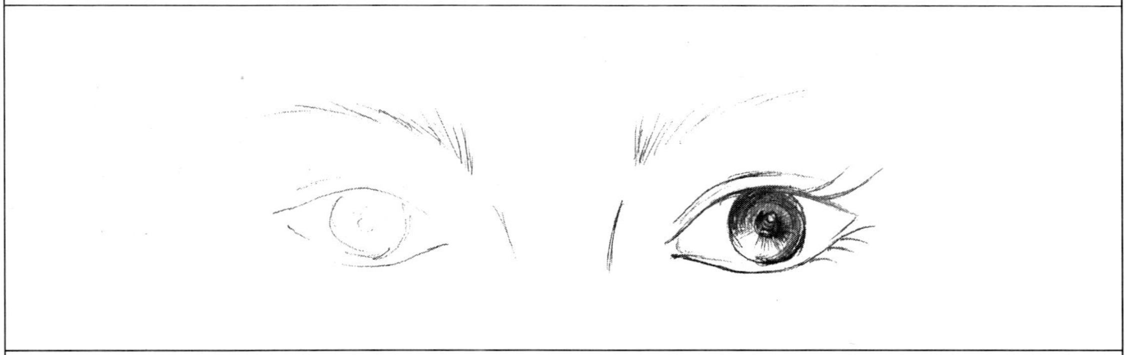

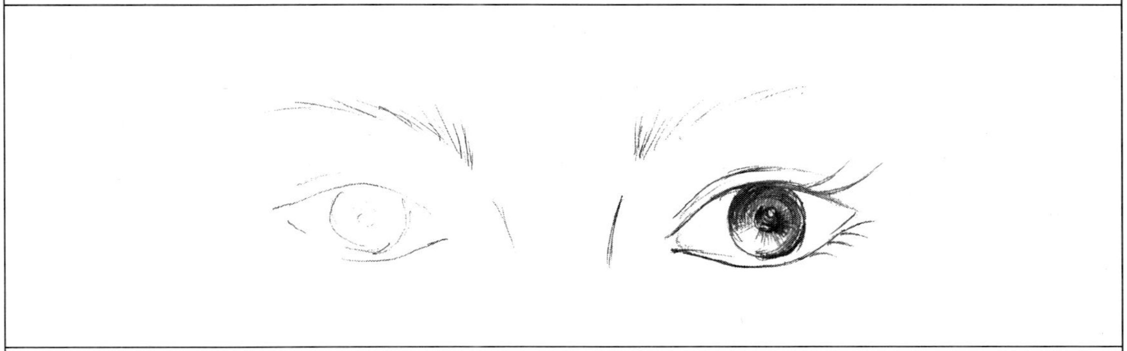

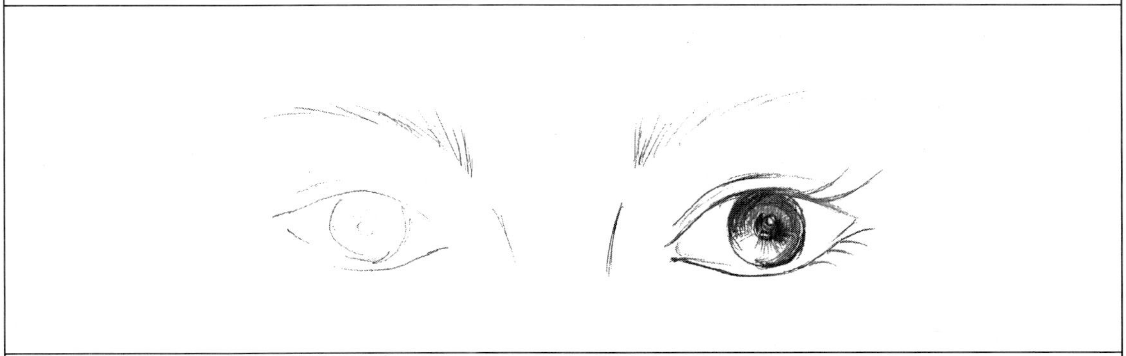

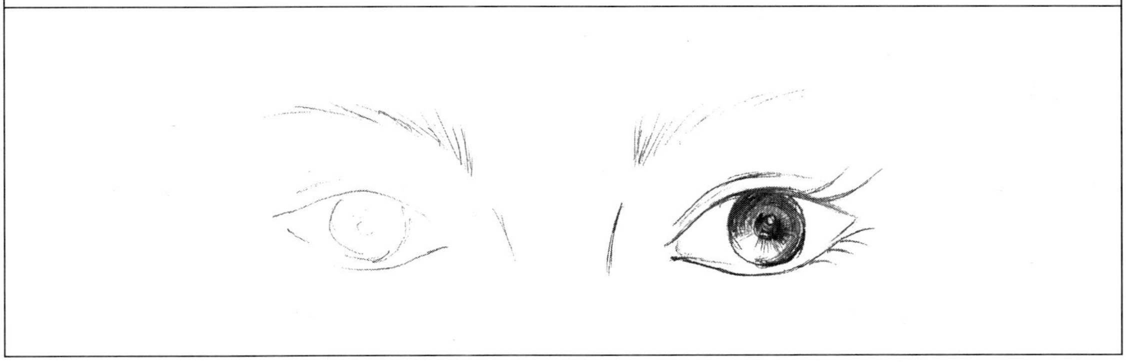

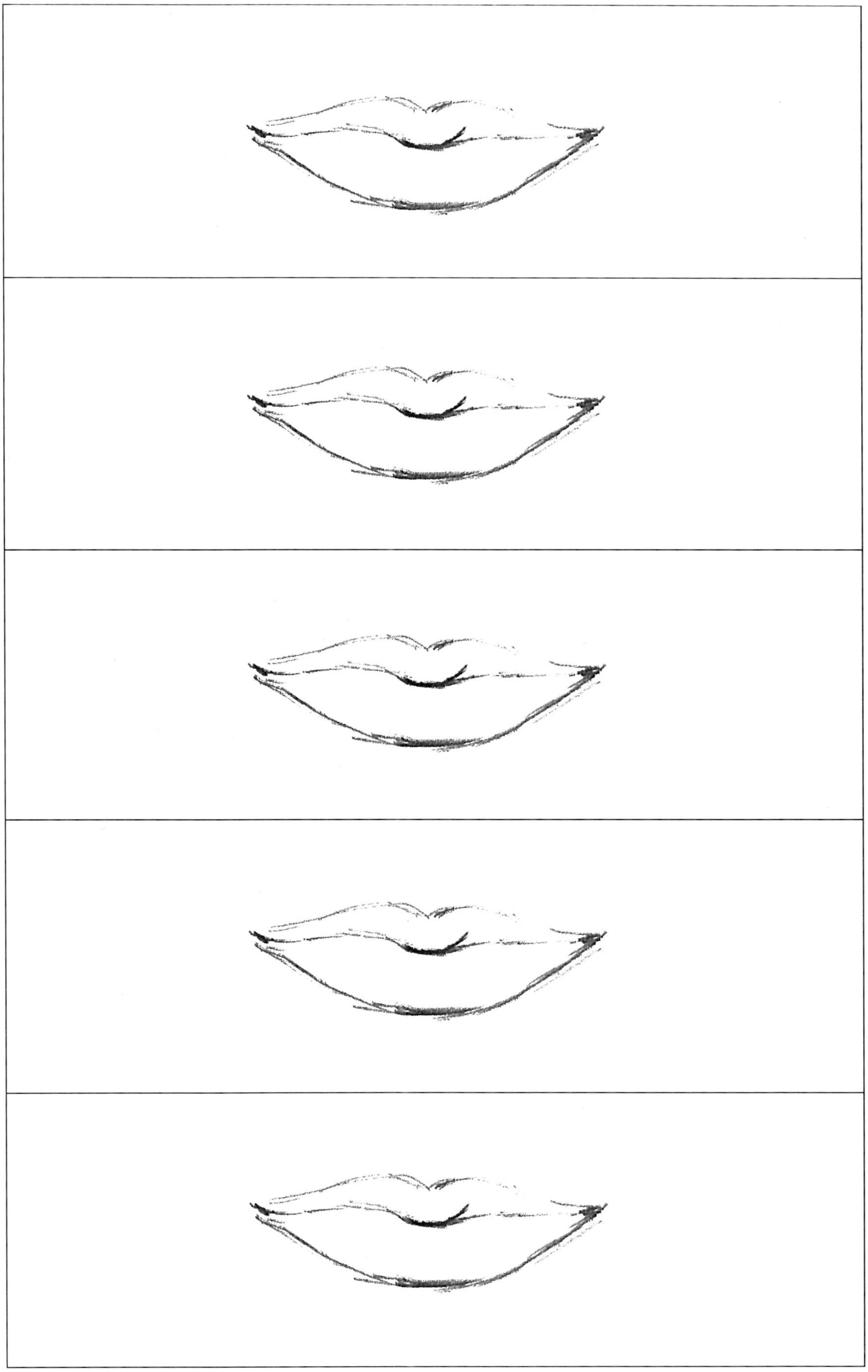

| Personal Image Check List (Make-up Consulting) : 예시 |

성 명		생년월일	(만 세)
연락처		E-mail	
직 업		주 소	
상담자		상담일자	

<table>
<tr><td>상황 및 이미지</td><td colspan="2">고객의 상황 및 이미지에 적합한 T.P.O 상담 및 이미지 분석</td></tr>
<tr><td>얼굴형 (이미지)</td><td colspan="2">고객의 얼굴형에 적합한 눈, 코, 입 등 생김새 특징(장단점), 고객 이미지 특징 분석</td></tr>
<tr><td>헤어 (길이)</td><td colspan="2">고객의 얼굴형에 적합한 헤어스타일 특징, 원하는 스타일 분석</td></tr>
<tr><td>패션 (체형)</td><td colspan="2">고객의 체형에 적합한 패션스타일 및 체형 특징 분석</td></tr>
<tr><td>컬러 (퍼스널 컬러)</td><td colspan="2">고객의 신체색에 적합한 컬러 진단 요소(피부색, 눈동자색, 머리카락색 등 분석),
어울리는 색상, 원하는 색상, 의상색 고려</td></tr>
<tr><td>특이 사항</td><td>• 위 내용을 모두 고려하여 메이크업을 디자인할 수 있도록 한다.
• 간단한 일러스트레이션으로 표현하기
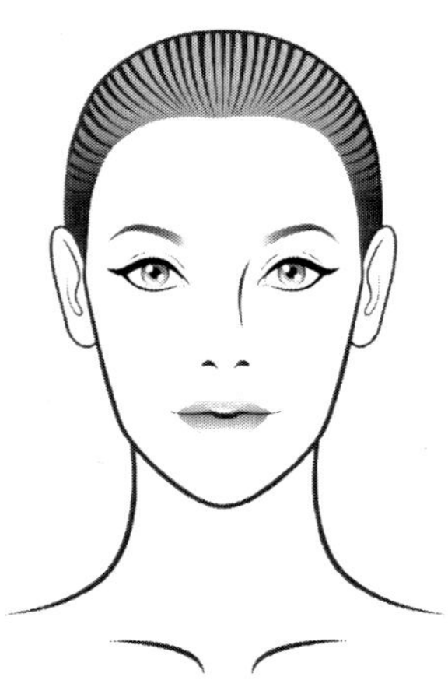</td><td>피부표현 메이크업(특징 및 컬러)

아이 메이크업(특징 및 컬러)

볼터치 메이크업(특징 및 컬러)

립 메이크업(특징 및 컬러)</td></tr>
<tr><td>상담 결과</td><td colspan="2">고객이 원하는 내용</td></tr>
</table>

| Personal Image Check List(Make-up Consulting) |

성 명		생년월일	(만 세)
연락처		E-mail	
직 업		주 소	
상담자		상담일자	

<table>
<tr><td>상황</td><td colspan="2"></td></tr>
<tr><td>얼굴형
(이미지)</td><td colspan="2"></td></tr>
<tr><td>헤어
(길이)</td><td colspan="2"></td></tr>
<tr><td>패션
(체형)</td><td colspan="2"></td></tr>
<tr><td>컬러
(퍼스널
컬러)</td><td colspan="2"></td></tr>
<tr><td>특이
사항</td><td>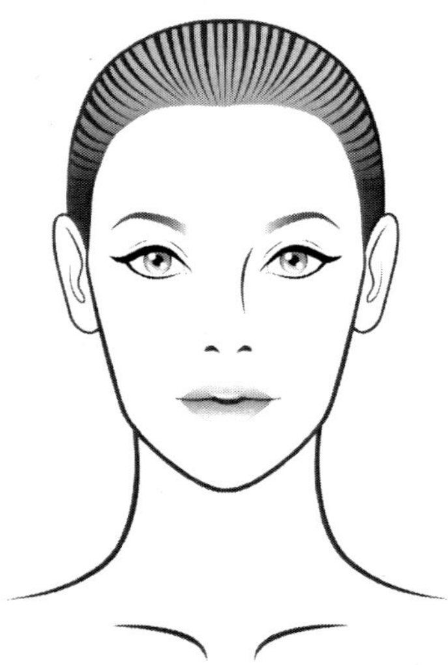</td><td>피부표현 메이크업(특징 및 색상)

아이 메이크업(특징 및 색상)

볼터치 메이크업(특징 및 색상)

립 메이크업(특징 및 색상)</td></tr>
<tr><td>상담
결과</td><td colspan="2"></td></tr>
</table>

| Personal Image Check List(Make-up Consulting) |

성 명		생년월일	(만 세)
연락처		E-mail	
직 업		주 소	
상담자		상담일자	

상황		
얼굴형 (이미지)		
헤어 (길이)		
패션 (체형)		
컬러 (퍼스널 컬러)		
특이 사항	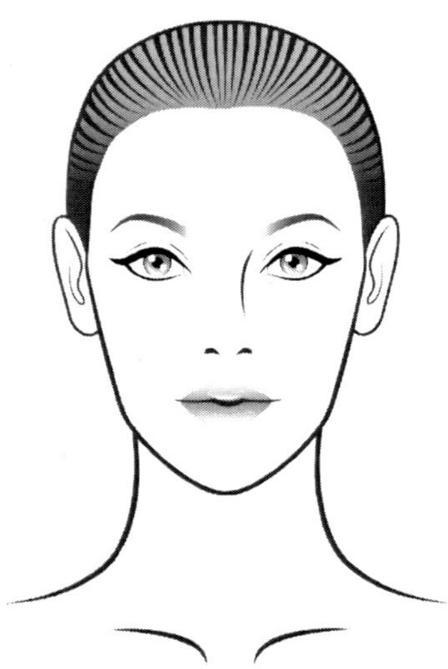	피부표현 메이크업(특징 및 색상) 아이 메이크업(특징 및 색상) 볼터치 메이크업(특징 및 색상) 립 메이크업(특징 및 색상)
상담 결과		

MEMO

[저자 소개]

김양은 마산대학교 뷰티케어학부 교수

임옥주 마산대학교 뷰티케어학부 겸임교수

메이크업디자인컨설팅 실습서

2019년 8월 26일 1판 1쇄 발 행
2022년 10월 1일 1판 2쇄 발 행

지 은 이 : 김 양 은 · 임 옥 주
펴 낸 이 : 박 정 태

펴 낸 곳 : **광 문 각**

10881
경기도 파주시 파주출판문화도시 광인사길 161
광문각 B/D 4층
등 록 : 1991. 5. 31 제12-484호
전 화(代) : 031) 955-8787
팩 스 : 031) 955-3730
E - mail : kwangmk7@hanmail.net
홈페이지 : www.kwangmoonkag.co.kr

ISBN : 978-89-7093-955-1 93590

값 : 25,000원

한국과학기술출판협회회원
KSPA